大学生心理健康教程

主　编　廖怀高　王　培

北京工业大学出版社

内 容 提 要

本书是高等职业教育系列规划教材的大学生心理健康教程。书中详细阐述了做一个心理健康的大学生,大学新生适应与心理调适,大学生认识自我、塑造自我,大学生人格心理,大学生情绪心理,大学生学习心理,大学生挫折心理与应对,大学生人际交往,大学生恋爱心理,大学生性心理,大学生网络心理与网络成瘾等13个方面的问题。

本书可作为大学生心理健康教育教材,也可作为高等学校心理学专业、教育学专业等相关专业的教材,还可作为广大心理学工作者的教学、科研参考。

图书在版编目（CIP）数据

大学生心理健康教程 / 廖怀高,王培主编. —北京：北京工业大学出版社,2009.7
ISBN 978-7-5639-1995-6

Ⅰ. 大… Ⅱ. ①廖…②王… Ⅲ. 大学生—心理卫生—健康教育—教材 Ⅳ. B844.2

中国版本图书馆 CIP 数据核字（2008）第 120880 号

大学生心理健康教程

主 编 廖怀高 王 培

*

北京工业大学出版社出版发行
邮编：100022 电话：（010）67392308
各地新华书店经销
徐水宏远印刷有限公司印刷

*

2009 年 7 月第 1 版 2009 年 7 月第 1 次印刷
175mm×230mm 16 开本 17.25 印张 346 千字
ISBN 978-7-5639-1995-6
定价：27.60 元